EXPOSITION
DES PRINCIPAUX FAITS
RECUEILLIS
SUR L'ÉTAT ACTUEL
DE LA VACCINATION
ET DE LA CLAVELISATION
DES BÊTES A LAINE,

Par M. VOISIN.

Mémoire lu à la Société d'Agriculture de Seine et Oise, dans sa Séance publique du 21 juin 1812.

EXPOSITION
DES PRINCIPAUX FAITS
RECUEILLIS
SUR L'ÉTAT ACTUEL
DE LA VACCINATION
ET DE LA CLAVELISATION
DES BÊTES A LAINE,

PAR M. VOISIN,

Docteur en Chirurgie, Chirurgien en chef de l'Hôpital civil et militaire et du Lycée impérial de Versailles; Membre du Conseil municipal de cette Ville, ainsi que du Collège Électoral, du Jury médical et de la Société d'Agriculture du Département de Seine et Oise; ancien Correspondant de l'Académie de Chirurgie de Paris; Membre associé et Correspondant des Sociétés de Médecine de Paris, d'Evreux, d'Orléans, et de plusieurs autres Sociétés savantes.

INTRODUCTION.

Ce Mémoire, que la Société d'Agriculture de Seine et Oise a eu l'indulgence de trouver digne d'être lu à sa Séance publique du 21 juin 1812, ne présentait point alors le degré d'intérêt qu'il peut présenter aujourd'hui, et qui est dû aux procès-verbaux dressés depuis cette Séance, lesquels constatent d'une manière authentique les expériences faites et les résultats obtenus sur une matière encore aussi peu connue que la Vaccination et surtout la Clavelisation des Bêtes à laine, etc.

Les procès-verbaux les plus importans sont revêtus de la signature de personnes aussi distinguées par leur rang et leurs dignités, que par leur mérite personnel ; tels que M. le comte *de Gavre*, chambellan de S. M., décoré de plusieurs de ses Ordres, et notre digne préfet ; M. le baron *d'Haneucourt*, officier de la Légion d'Honneur, et commandant de la Vénerie de S. M. l'Empereur et Roi ; qui se délassent des fatigues attachées à leurs fonctions, en consacrant leurs loisirs à satisfaire leur goût pour l'Art agricole.

Le respectable et savant professeur *Chaussier*, président des jurys médicaux, ainsi que M. le docteur *Landré-Bauvais*, médecin-adjoint en chef de l'hôpital de la Salpétrière, ont bien voulu prendre part à quelques Clavelisations que j'ai opérées sous leurs yeux. M. *Caron*, secrétaire perpétuel de la Société ; MM. *Jouvencel* et *Valois*, nos zélés collègues ; ainsi que mes confrères et collègues MM. *Texier*, *Lavédan*, *Chailly*, *Noble*, *Victor Voisin*, ont également assisté aux principales expériences, en ont répété plusieurs, et m'ont aidé de tout leur pouvoir.

J'ai pensé qu'il était essentiel de donner un haut degré d'authenticité à des expériences qui tendaient à confirmer ou refuter des faits importans et utiles, publiés par des hommes dont le caractère public et la réputation commandent la confiance. On ne prétend pas, par la publication de ce Mémoire, ordonnée par la Société et à ses frais, s'inscrire contre les faits publiés qu'il semble contredire, mais bien engager les auteurs des expériences et observations avec lesquels nos résultats sont en opposition, à les revoir et répéter avec sévérité, et à s'assurer s'ils n'ont point été induits en erreur, soit par des rapports inexacts de la part des personnes qui les ont secondés, soit par des circonstances qui tiennent au peu de lumières répandues sur une matière qui a besoin d'être approfondie.

L'Auteur de ce Mémoire est bien éloigné de croire qu'il a, sur cet objet, plus de connaissances que ceux qui, comme lui, s'en sont occupés. Il est seulement pénétré du désir de contribuer, par ses recherches et ses réflexions, à lever un coin du voile qui soustrait encore à nos yeux des vérités utiles à la théorie et au traitement des maladies épidémiques, épizootiques et contagieuses.

PREMIÈRE PARTIE.

VACCINATION.

La Société a désiré connaitre le résultat actuel des principaux faits publiés sur la Vaccination et la Clavelisation des Bêtes à laine, et je me suis empressé de la satisfaire. Les expériences faites en 1804 et 1805, sous ses yeux et ceux des Commissaires des Sociétés savantes de la capitale, ont été répétées par beaucoup de propriétaires de troupeaux, de médecins, d'artistes vétérinaires, et la Société a dû apprendre avec satisfaction que les résultats de ces expériences sont presque tous conformes à ceux qu'elle a obtenus, et sont confirmatifs des conséquences qu'elle en a tirées, lesquelles sont consignées à la fin du Rapport que j'ai eu l'honneur de lui faire, et dont elle a ordonné l'impression et la publication en l'année 1805.

Quoique l'on ait mis beaucoup de soin à faire ces expériences, quelques personnes ont pensé qu'elles avaient laissé la question indécise (1). On verra, par les détails dans lesquels nous allons entrer, si cette assertion était bien fondée. Le Comité central de la Société de Vaccine établi près de S. E. le Ministre de l'Intérieur, peut être considéré, d'après ses correspondances étendues, comme étant dans la position la plus favorable pour savoir ce qui se passe à cet égard. On peut donc partir de ses Rapports des années 1808, 1809 et 1810, pour se donner une idée juste sur cet objet intéressant de nos constantes recherches.

Dans ces Rapports il est dit (2) « que la Société

---

(1) Moniteur, n.° 69, 9 frimaire an 14, ou 30 novembre 1805, et le Rapport du Comité central.

(2) Rapport de 1808 et 1809, pages 111 et 112.

» de Médecine pratique de Montpellier, MM. *Petiet*, » médecin à Gray, *Circaud*, à la Clayette, se sont » occupés avec suite de la Vaccination et de la » Clavelisation des Bêtes à laine; qu'il résulte de » leurs expériences que les moutons contractent une » vaccine irrégulière qui ne préserve pas du claveau, » et qu'il est plus prudent de les claveliser. C'est » ce que font, selon le rapport de M. *Dugaz*, mé» decin à Marseilles, les bergers de la Camargne.

» La Clavelisation, continue le rapporteur, a été » pratiquée dans le département de la Meurthe; elle » a développé généralement un travail local et très» peu d'éruptions générales. Les animaux clavelisés » ont été impunément exposés ensuite dans les trou» peaux atteints du claveau. M. le Préfet du dépar» tement de l'Aisne a informé S. E. le Ministre » de l'Intérieur que la Vaccination des Bêtes à laine » n'ayant point donné de résultats d'un avantage » bien constaté, on lui avait préféré, dans son dé» partement, la Clavelisation.

» Les expériences réitérées de plusieurs artistes » vétérinaires ne laissent plus aucun doute (ajoute » M. le rapporteur) sur les effets salutaires de cette » méthode. M. *Prulhot*, vétérinaire à Saint-Quentin, » a clavelisé neuf cent quatre-vingt-quinze Bêtes à » laine, et n'en a perdu que deux. »

Dans le Rapport fait également par le Comité central sur les Vaccinations de 1810, lu à la séance publique et générale de la Société centrale de Vaccine tenue à la Faculté de Médecine de Paris, le

9 juin dernier, on cite un exemple (pag. 117) authentique et malheureusement concluant de l'insuffisance de la Vaccine contre la Clavelée. « Le claveau, » dit M. le rapporteur, s'étant manifesté sur cinq » bêtes faisant partie d'un troupeau de deux cent » trente-trois têtes, le propriétaire, homme intelli- » gent, voulut, dans cette circonstance, constater » de nouveau les effets de la Vaccine, et la fit ino- » culer à tous les autres individus.

» Cette opération, qui fut faite par M. le pro- » fesseur de pathologie de l'Ecole vétérinaire d'Al- » fort, et par M. *Husson* (1), et dont les suites furent » observées avec soin, a donné les résultats suivans. » Au bout de six à sept jours, il se manifesta sur » cent dix-neuf bêtes, un, deux ou trois boutons » aux endroits où les piqûres avaient été faites. » Quelques jours après, le claveau se déclara sur » les individus dans lesquels la Vaccination n'avait » rien produit, et l'on crut pendant quelque temps » à l'efficacité de l'opération; mais la Clavelée con- » tinuant ses ravages, vers le quarante-cinquième à » quarante-huitième jour de la Vaccination, elle » attaqua les animaux qui avaient eu des boutons » vaccins; ceux-ci furent aussi malades que les » autres, quelques-uns même y succombèrent.

» Dans le département de la Meurthe (ajoute M. le

(1) Médecin-Vaccinateur de S. M. le Roi de Rome, auquel on doit beaucoup de travaux utiles et favorables à la propagation de la Vaccine.

» rapporteur) MM. *de Kersalumm* et *Mathieu* n'ont » pas été plus heureux; quelques brebis vaccinées » ont été ensuite atteintes du claveau par contagion, » tandis que celles qui furent clavelisées résistèrent » à l'épizootie. Ce dernier résultat a été observé dans » le canton de Merieux, où deux cents bêtes furent » clavelisées avec un succès tel, que, sur ce nombre, » il n'en est mort qu'une. »

M. *Brugnone*, professeur de l'académie et université de Turin, annonce (1) qu'il a répété lui-même les expériences sur la Vaccination des moutons, et que leurs résultats l'ont confirmé dans l'opinion qu'il avait de son insuffisance contre la Clavelée.

Cette insuffisance n'était-elle pas, d'ailleurs, malheureusement démontrée par le succès de l'inoculation de la Clavelée sur les bêtes vaccinées, cité dans notre Rapport des expériences de Versailles, en 1805, et sur seize autres bêtes vaccinées qui ont été atteintes de la contagion claveleuse par la voie de la cohabitation seulement? Si dans les contre-épreuves d'inoculation variolique sur des sujets déjà vaccinés, quelques-uns eûssent été atteints de la petite vérole, personne n'aurait voulu croire à la découverte de *Jenner?* Donc on aurait tort d'ajouter foi à la vertu préservatrice du vaccin pour le claveau.

---

(1) *Vid.* son Mémoire écrit en italien et inséré parmi ceux de la Société d'Agriculture de Turin, publiés en 1812, et dont notre collègue M. *Jouvencel* a traduit les principales parties, qu'il a bien voulu me communiquer.

La Clavelée venait de se manifester dans les nombreux troupeaux de M. *Dailly* fils, propriétaire à Trappes; et ceux de M. *Pluchet*, notre collègue, proche voisin de M. *Dailly*, en étaient menacés. Ces troupeaux etaient composés de mérinos; quelques bêtes beauceronnes se trouvaient dans celui de M. *Pluchet*. Je proposai à la Société d'engager ce dernier à me permettre de vacciner une centaine de ses bêtes communes, afin de les exposer ensuite à la contagion claveleuse, avec promesse de l'indemniser des pertes qu'il ferait dans cette partie de son troupeau. Ma proposition fut acceptée unanimement par des hommes toujours prêts à tout sacrifier pour les progrès du plus utile des arts. M. *Pluchet*, comme on devait s'y attendre de la part d'un cultivateur distingué et éclairé, s'empressa de seconder les vues de la Société; mais il ne put indiquer que cinquante bêtes beauceronnes qu'il avait élevées, et dont il pouvait répondre comme n'ayant jamais eu la Clavelée ni la Vaccine, conditions essentielles pour compter sur le résultat de la tentative.

La Vaccination de ces cinquante bêtes fut opérée avec soin, tant par M. *Chailly*, notre collègue, M. *Victor Voisin*, mon neveu, que par moi, les 12, 19 et 20 septembre 1812, en présence de MM. *Pluchet* et *Dailly* fils, qui ont signé avec nous le procès-verbal qui constate cette opération. La Vaccine fut prise sur le nommé *Pitois*, âgé de 19 mois, que j'avais vacciné, avec quatre autres enfans du village, huit jours auparavant. Les piqûres ont été faites sur le ventre, près les mamelles et les parties génitales, au nombre de quatre sur les uns et de six sur les autres. A l'examen de ces animaux, que j'ai fait avec M. *Valois*, en présence de M. *Pluchet*, il a été reconnu que tous avaient eu la Vaccine exactement; que le plus grand nombre avait eu quatre pustules; et que le plus petit nombre n'en présentait que deux, quoiqu'il eût été soumis cependant à une seconde Vaccination.

Le 14 octobre, c'est-à-dire un mois après la Vaccination, les bêtes vaccinées ont été mêlées avec des bêtes claveleuses. Dès le 5 novembre suivant, M. *Pluchet*, s'est aperçu que plusieurs de ces animaux étaient atteints de la Clavelée. Par un examen général, fait treize jours après, on a été convaincu que la majeure partie était infectée, et que plusieurs autres bêtes, semblaient éprouver les symptômes précurseurs de la contagion.

Presque toutes les Bêtes vaccinées, atteintes ensuite de la Clavelée, l'ont eu d'une manière discrète et bénigue. Sur dix, elle a paru confluente et maligne; quatre avaient succombé à l'époque du 12 décembre, où la maladie paraissait s'étendre sur le reste de cette portion du troupeau. Dans le dernier examen que j'en fis, je remarquai sur deux, que les pustules claveleuses, répandues discrètement sur le ventre, les nazeaux, les lèvres, présentaient le volume et la forme des boutons varioleux. C'est la première fois que j'ai observé cette différence dans la forme des pustules claveleuses.

Je partirai de cet exposé fidèle, qui semble

fixer l'opinion sur l'insuffisance de la Vaccination contre la Clavelée, et l'avantage de la Clavelisation, pour rendre compte d'autres faits importans, et hazarder quelques refléxions qu'ils m'ont suggérés.

Toutes les personnes, qui ont pratiqué comme nous la Vaccination sur les Bêtes à laine, ont été frappées de la rapidité et du léger développement pustulaire, qui en résulte, sur la majeure partie des animaux que l'on y soumet, comme de la nullité de son action sur le système général de leur organisation; tandis que sur l'espèce humaine, dès le quatrième jour de l'insertion, quelquefois plus tard, on remarque des signes certains d'invasion et d'action générale de la Vaccine sur l'organisme.

Pour tâcher de donner un développement plus énergique, au produit de la Vaccination des Moutons, nous avons imaginé de multiplier les piqûres, de la pratiquer de différentes manières, et sur diverses parties (1), où la texture des tégumens semble se rapprocher de celle de la peau humaine; et quoique, par ces divers procédés, on ait obtenu un travail un peu plus prononcé, et qui semblait se rapprocher d'avantage de la forme et du volume du bouton vaccin humain, ce développement n'a présenté aucun signe certain d'influence générale sur l'organisme de ces animaux, qui, exposés ensuite

---

(1) *Vid.* le rapport des expériences de la Société d'Agriculture de Versailles, pages 11 et suiv., année 1805.

à la contagion claveleuse, y ont été accessibles comme les autres.

On se rappelle que les journaux, il y a quelques mois, ont annoncé qu'un conseiller, en Russie, venait d'être décoré par l'Empereur, pour avoir trouvé le moyen de vacciner les Bêtes à laine, avec plus de succès qu'on ne l'avait fait jusqu'à présent; que le travail produit par cette nouvelle méthode était tellement énergique, qu'il les mettait à l'abri de l'infection claveleuse. Elle consiste à traverser obliquement l'extrémité de chaque oreille, avec une aiguille armée d'un fil bien imprégné de virus vaccin, et d'y laisser ce fil fixé, en forme d'anse ou de séton.

J'étais trop empressé de m'assurer de la véracité de cette assertion, pour ne point saisir la première occasion d'essayer cette nouvelle manière d'opérer la Vaccination. En cas de succès, il fallait de suite s'assurer si le travail vaccinal, qui pourrait se développer, mettrait les animaux à l'abri du Claveau, etc. Le troupeau de notre collègue M. *Fessard*, qui était atteint de cette maladie au mois de février dernier, présentait une occasion commode et sûre. Mais, à peine convalescent d'une maladie grave, je ne pus me livrer à ces tentatives. MM. *Fessard*, *Victor Voisin* et *Boucher*, voulurent bien me suppléer, et quoiqu'ils aient procédé à cette opération avec tout le soin possible, sur plusieurs Agneaux ou Antenais, ils n'obtinrent aucune espèce de développement.

Quelques mois après, MM. *Lavédan* et *Noble*, mes collègues, répétèrent cette tentative; l'un, sur les moutons de M. *Nota*, maire de Montigny; l'autre, à Velizy, sur des moutons de M. *Pelé*, Maire de cette Commune, et sur quelques bêtes de M. *Auger*, Maire de Bailli. Ils n'obtinrent sur le plus petit nombre des animaux qu'ils vaccinèrent ainsi, qu'un léger travail d'irritation, de rougeur et de tuméfaction du troisième au sixième jour. M. *Noble* a extrait de la matière un peu concrète de ce léger travail, avec laquelle il a inoculé, sans succès, deux enfans, l'un de neuf ans, l'autre de six, qui n'avaient eu ni la vaccine, ni la petite vérole.

Je viens de répéter cette expérience d'une manière authentique et comparative, sur six Agnelles Mérinos du joli troupeau de M. le baron *d'Haneucour*, commandant de la Vénerie de S. M. l'Empereur et Roi.

On avait remarqué, en pratiquant cette espèce de Vaccination, que les oreilles des bêtes à laine, étant fort chatouilleuses, il était difficile de les assujétir. On pouvait attribuer le peu de succès de cette méthode, à ce que les fils traversant un corps dur, tel qu'un cartilage, pouvaient être dépouillés, par le frottement, du fluide vaccin dont ils sont imprégnés; en conséquence je pris le parti d'apporter quelques changemens dans les procédés opératoires, et de placer les fils chargés de vaccin, de manière à mieux en favoriser l'absorption par les lymphatiques.

Le procès-verbal suivant va donner une idée juste des procédés suivis, et des résultats obtenus.

» Le neuf juillet mil huit cent douze, entre midi et une heure, à la Vénerie de Sa Majesté l'Empereur et Roi, lieu dit le *Clos-Toutin*, commune de Vaucresson, près Versailles, en présence de M. le baron d'*Haneucourt*, commandant et officier de la Légion d'honneur, de MM. *Devienne* et de *Saint-Pern*, pages de S. M., et de M. *Bernard*, secrétaire de M. le commandant, il a été procédé, par M. *Voisin*, chirurgien en chef de l'Hôpital civil et militaire de Versailles, aux opérations suivantes.

» M. le baron d'*Haneucourt*, ayant bien voulu, pour contribuer à la découverte de la vérité, mettre à la disposition de M. *Voisin* deux Agnelles et quatre Antenaises Mérinos de son troupeau, désignés par les numéros 33, 40, 42, 44, 53 et 69, et M. *Voisin* ayant amené avec lui un enfant de six ans, au huitième jour de la Vaccination, il a de suite ouvert quatre pustules vaccinales sur l'un des bras de cet enfant; il a trempé, dans la matière transparente et légèrement visqueuse qui en sortit, plusieurs gros fils blancs, dont deux grosses aiguilles à coudre, ordinaires, étaient armées. Ensuite les têtes des bêtes marquées des numéros 40, 44, 53 et 69 étant bien assujéties, il a inséré sous l'épiderme de la face interne de chaque oreille, dans les sillons que l'on y remarque, les brins de fils imprégnés de vaccin, en forme de séton, et les y a fixés avec une espèce d'anse terminée par un nœud. Puis, au moyen de lancettes chargées de vaccin puisé dans les pustules ouvertes du bras de l'enfant, il a vacciné, par plusieurs piqûres superficielles, pratiquées entre l'épiderme et le derme, sur les faces internes des oreilles de la bête désignée par le n.° 42; puis il en fit autant sur le n.° 33; et, de plus, cette dernière bête fut encore vaccinée par six piqûres sur les mamelles, à une certaine distance du mamelon.

» On examina les bêtes vaccinées, le 11 juillet, entre midi et deux heures.

» Les oreilles des n.os 44, 53 et 69 ne présentaient aucune disposition à un travail vaccinal : on remarquait seulement un peu de rougeur aux entrées et aux sorties des fils chargés de vaccin, sur le n.° 40.

» Les piqûres des n.os 33 et 42 présentaient de la rougeur et une légère tuméfaction.

» Toutes les bêtes vaccinées furent de nouveau visitées le 13 juillet. On a reconnu que les insertions pratiquées sur les oreilles des n.os 40, 42 et 69 ne présentaient aucune espèce de signes de développement vaccinal; que le n.° 44 et le n.° 53, vaccinés aussi avec les fils, offraient seulement un peu de tuméfaction et de rougeur à l'entrée et à la sortie de ces corps chargés de Vaccin.

» Le n.° 33, vacciné aux oreilles et aux mamelles avec la lancette, selon le procédé ordinaire et le plus généralement usité, pour servir de point de comparaison, présentait, sur cinq piqûres des mamelles, un développement pustulaire dont les piqûres étaient le centre, avec légère dépression et auréoles assez prononcées. Les piqûres des oreilles, sur ce même animal, offraient une légère rougeur avec une tuméfaction, mais sans l'ensemble des signes qui caractérisent la pustule vaccinale dont les moutons sont susceptibles, lesquels étaient bien prononcés sur les piqûres des mamelles.

» Le 15 juillet, sixième jour de l'insertion, le n.º 42 qui, à la visite du 13, n'offrait aucune trace de développement vaccinal aux piqûres des oreilles, présentait alors sur chacune d'elles une légère tuméfaction d'un caractère insignifiant. Le léger travail remarqué sur les n.ºs 44 et 53 était effacé et desséché.

» La dessication commençait à s'établir sur les pustules des piqûres du n.º 33.

» On ne remarquait aucune trace de travail sur les n.ºs 40 et 69.

» J'ai vacciné encore, depuis cette expérience, aux oreilles avec des sétons, et aux mamelles par des piqûres, en présence de MM. *Lavédan*, *de Lisle* et *Chailly*, une brebis et un agneau qui n'avaient point eu le Claveau ni la Vaccine. Le deuxième jour de l'insertion on remarquait de la rougeur et un léger gonflement aux sétons des oreilles; cette même disposition paraissait moins sensible aux piqûres des mamelles. Le troisième jour, le travail des piqûres de ces dernières parties commença à se prononcer, et continua à suivre son cours ordinaire, tandis que le travail des oreilles resta insignifiant. Cette expérience fut encore répétée sur quelques bêtes mises à ma disposition par MM. *Jouvencel* et *Peron*, et suivie des mêmes résultats. Ces derniers animaux, ainsi que ceux cités plus haut, furent ensuite inoculés du Claveau avec trop de succès sans doute, puisque l'un d'eux en mourut. Ce qu'il y eut de remarquable et de favorable à la Clavelisation, c'est que tous les autres furent à l'abri de la récidive de la contagion claveleuse qu'ils pouvaient contracter par la voie de la cohabitation, puisqu'ils sont restés mêlés, pendant deux mois, avec des bêtes atteintes du Claveau naturel dans un emplacement étroit que M. le proviseur du Lycée, qui a bien voulu aussi être témoin quelquefois de nos opérations, avait eu la bonté de mettre à ma disposition dans ce vaste et bel établissement ».

D'après les résultats bien constatés des essais de cette méthode russe de vacciner les moutons, il paraît certain que le travail qui en résulte, loin d'être plus développé et plus énergique que celui que l'on obtient par la méthode usitée des piqûres, lui est très inférieur; que ce procédé nouveau est plus souvent infidèle que l'ancien; qu'enfin, au lieu de détruire les idées presque généralement adoptées de l'insuffisance de la Vaccine contre la Clavelée, il les confirme.

Cependant on lit dans le Moniteur du 7 juin 1812, l'annonce suivante :

» M. *Berthier*, dépositaire de Béliers Mérinos » appartenans au Gouvernement, à Roville, département de la Meurthe, vient de faire *des vaccina-*

» *tions très-heureuses*, tant sur ce troupeau que sur » 3 à 400 bêtes de différens troupeaux. Le succès » de ses opérations a été encore augmenté par la gué» rison d'un grand nombre de brebis attaquées du » Claveau ».

En rapprochant les faits authentiques qui viennent d'être cités, d'une note aussi équivoque, peut-on se flatter encore de l'espoir que l'espèce de Vaccine dont les moutons sont susceptibles, triomphera de la désastreuse infection du Claveau? Non, sans doute, et on l'espérera encore moins quand on se sera assuré combien les espérances données par quelques médecins italiens paraissent illusoires, d'après les résultats des expériences dont on va rendre compte dans la partie de ce Mémoire réservée à tout ce qui tient principalement à la Clavelisation.

DEUXIÈME PARTIE.

CLAVELISATION.

On a vu, dans la première partie de ce Mémoire, que la Vaccination qui garantit l'espèce humaine de la petite vérole n'en met point à l'abri les Bêtes à laine. L'inoculation du Claveau devient donc l'unique ressource contre ce fléau des bergeries; mais cette ressource est-elle constamment sûre? Les connaissances acquises sur la Clavelisation depuis le peu de temps qu'on s'en occupe sérieusement, sont-elles suffisantes? Sont-elles assez approfondies, assez bien établies par des faits observés avec soin et bien décrits? Enfin est-il certain, comme un observateur l'a annoncé, que l'inoculation du Claveau est à la Clavelée ce que la Vaccine est à la petite vérole? On pourra peut-être décider ces questions après l'exposition et la comparaison des principaux faits publiés pour ou contre la Clavelisation, depuis la publication du Rapport des Expériences faites sous les yeux de la Société de Versailles en 1804 et 1805.

Ce procédé a été mis en pratique par beaucoup de personnes, non-seulement dans l'étendue de l'Empire, mais chez les étrangers. Mais en a-t-on observé exactement les produits, les différences, son action ou son défaut d'activité sur l'organisme? S'est-on assuré, après la guérison, si les bêtes, regardées comme bien clavelisées, étaient à l'abri de la récidive? Nous ne le pensons pas.

On avait remarqué sur les bêtes soumises en 1805 à la Clavelisation, que toutes, à l'exception d'une seule, éprouvèrent, indépendamment d'un travail local plus ou moins prononcé, des symptômes généraux d'invasion et d'infection (1).

---

(1) Rapport d'expériences sur la Vaccination et la Clavelisation, à la Société d'Agriculture de Seine et Oise, 1805, *pag.* 42, 43, 57, 75, 78, 79, 91.

La matière dont on s'était servi pour claveliser les bêtes soumises à cette expérience avait été prise sur d'autres qui avaient le Claveau naturel, et à l'époque de la suppuration des pustules. Aussi toutes ces bêtes ainsi clavelisées furent impunément ensuite exposées de nouveau à l'infection claveleuse.

A-t-on suivi les mêmes procédés, a-t-on eu soin de faire les mêmes remarques? Nous avons lieu d'en douter.

Avant de passer à l'exposition des Clavelisations opérées avec ou sans méthode, et en se conformant ou sans se conformer aux principes admis sur l'inoculation variolique en général, il est bon de nous arrêter et de fixer notre attention sur d'anciennes et de nouvelles tentatives faites sur des animaux de différentes espèces avec les virus variolique, claveleux, et avec la matière extraite des eaux aux jambes, *the griase*, à laquelle le célèbre *Jenner* attribue l'origine de la Vaccine.

Le docteur *Paulet* (1) déclare qu'il est reconnu » que les maladies contagieuses qui passent d'une » espèce à l'autre, changent de formes, et n'offrent » pas toujours les mêmes symptômes, quoique le » principe en soit le même ».

La Vaccine qui nait des eaux aux jambes, semble être un exemple confirmatif de cette assertion.

Le docteur *Decarro*, médecin de Vienne en Au-

(1) Maladies épizootiques. *tome* 1, *pag.* 96.

triche, est porté à croire que l'origine de la petite Vérole peut être attribuée à une matière équine, dégénérée en Arabie, où ces peuples nomades vivent en commun avec leurs bestiaux.

Il paraît constant que le Cowpox vient d'une maladie des chevaux ; la petite vérole des vaches, d'origine équine, se transmet aux hommes très-aisément; j'ai prouvé dans deux Mémoires publiés en 1799 et 1801, que ce même Cowpox peut se transmettre aux moutons, et qu'on peut encore en reprendre la matière sur ces animaux et la reporter à la vache et même aux hommes, sur lesquels elle conserve sa vertu préservatrice. Cependant, sur la vache, la marche de la Vaccine est plus rapide que sur l'homme ; mais sur ce dernier elle présente un développement plus parfait. Sur le mouton, la forme de la pustule vaccinale, et le cours de son développement, sont encore plus altérés et plus rapides que sur la vache. Or, si on présume que la petite Vérole humaine vient des chevaux ainsi que la Vaccine, c'est une analogie d'origine qui doit porter encore à croire plus fermement à la vertu anti-variolique du vaccin. C'est un motif aussi de plus de présumer que le Claveau peut avoir une origine également commune avec ces deux maladies. Pour tâcher d'éclaircir l'obscurité qui couvre encore cette partie de l'histoire de ces maladies, j'ai fait les tentatives suivantes.

M. *Sanglier*, l'un des fermiers de M. *Oberkampf*, que je soignais d'une blessure très-grave, avait un cheval atteint des eaux aux jambes. Cette maladie était reconnue par un habile artiste vétérinaire.

Avec de la matière moitié fluide, moitié concrète, mais très-fétide, extraite de l'une des jambes de ce cheval, un enfant, une vache, une brebis et un agneau furent inoculés. Cette insertion n'a été suivie, du deuxième au troisième jour, que d'un léger travail d'irritation aux piqûres. La brebis seule, qui était très-avide, et qui paissait une herbe abondante, devint réellement malade. Le léger travail d'irritation qui se développa aux piqûres, s'éteignit du cinquième au sixième jour de l'insertion; mais le ventre était gonflé, l'animal triste, sans appétit, et il paraissait avoir beaucoup de fièvre et d'altération. Une diète sévère pendant trois jours, et une abondante et légère boisson d'eau de son miélée la rétablirent entièrement.

Je suis plus porté à attribuer cet accident à une espèce de plénitude gastrique, qu'à l'inoculation du *griase*; ainsi cette expérience a besoin d'être recommencée.

Il n'en est pas de même des tentatives faites pour s'assurer si le virus variolique transmis aux vaches et aux moutons, peut produire sur les unes le Cowpox, et le Claveau sur les autres. Ces essais ont été assez multipliés et répétés par des hommes aussi distingués par leurs lumières que par leur bonne foi, pour qu'il ne reste aucun doute sur leurs résultats (1). En est-il ainsi de l'inoculation du virus

(1) On peut consulter sur ce sujet l'opuscule sur l'Inoculation

claveleux sur d'autres animaux que les moutons? Et la Clavelisation sur l'espèce humaine peut-elle amener des *variétés*, des anomalies dont on puisse tirer un parti avantageux pour l'art de guérir en général, et pour la médecine vétérinaire en particulier? Les faits suivans paraîtront peut-être donner la solution de ces questions.

On sait que M. *Auguste Chambrier*, de Neufchâtel, a inoculé sans résultats le virus claveleux sur des vaches et sur des veaux; qu'*Odoardi*, premier médecin d'Udine, prétend que la petite vérole provient de celle des moutons.

Le comité central de vaccine, dans son premier rapport, dit formellement : « On ne peut, sur » d'autres animaux que les moutons, transporter » la Clavelée par insertion, au moins les essais » que l'on a répétés n'ont eu aucun résultat. Les » papiers publics annonçaient que M. *Marchelli*, » de Gênes, avait découvert que l'inoculation » de la Clavelée était un préservatif *plus doux* » *que la Vaccine*. On n'a point appris que ces » essais eussent aucunes suites. Les mêmes expé» riences tentées par le comité n'ont pas mieux » réussi ».

M. *Brugnone*, dans le Mémoire déjà cité, recon-

---

de la petite Vérole, par M. *Chretien*; Montpellier, an 9, pag. 130.

Le premier Rapport du Comité central de Vaccine; mes deux premiers Mémoires sur la Vaccine et le Rapport de 1805, pag. 44, 45 et 46.

naît que jusqu'à présent il n'y a aucune expérience certaine qui ait pu prouver que l'on ait réussi à porter la variole des animaux sur les hommes, ou celle des hommes sur les animaux. « *Bourgelat*, » ajoute-t-il, a tenté des expériences sur cet objet » que j'ai aussi répétées plusieurs fois sans aucun » succès ».

En l'an 3, à l'École de Médecine de Paris, on inocula la matière variolique sur des moutons, sans aucun succès; et le virus claveleux, essayé comparativement sur plusieurs animaux, ne put se développer que sur les moutons.

Depuis ces expériences, le docteur *Sacco*, directeur de la Vaccination dans le royaume d'Italie (1), annonce qu'il a essayé avec succès le procédé proposé par le docteur *Marchelli*, de Gênes. Il clavelisa deux enfans et en vaccina deux autres, afin de pouvoir comparer les résultats de ces deux inoculations. » Les boutons, dit-il, qu'il a obtenus, sur les en- » fans clavelisés, étaient plus petits que ceux qui » provenaient de la Vaccination; à cela près, ils » paraissaient absolument semblables ».

Il assure de plus que le docteur *Mauro Legni*, médecin à Cattolica, sur les confins du royaume d'Italie, s'est servi du produit de cette Clavelisation humaine pour vacciner avec succès beaucoup d'autres personnes.

(1) *Trattato di Vacchiazione*, etc.; Milan, 1809; Biblio.h. Brit. N.° 355, 356; Octobre 1810, pag. 181.

Quelque temps après, le docteur *Sacco* voulut répéter cette expérience sur quatre autres enfans, mais il n'obtint pas de succès.

Rencontrant de nouveau la Clavelée dans un troupeau de moutons, il commença d'abord par claveliser les bêtes qui n'en étaient point encore atteintes; et, sans donner aucune description de cette expérience, il se borne à dire que la maladie qui en résulta fut plus benigne, plus régulière que celle qui vient naturellement. Puis, on ajoute, il vaccina d'autres moutons (probablement avec du vaccin humain, puisque, comme on vient de le dire, sa dernière Clavelisation, opérée sur quatre enfans, qui devait produire la Vaccine, n'avait eu aucun succès), et, sans donner le détail descriptif du travail de cette Vaccination, il se borne encore à dire : « que les » Vaccinations réussirent fort bien; qu'elles eûrent » un effet complet; que les bêtes vaccinées fûrent » ensuite exposées impunément à la contagion cla» veleuse, tant par la cohabitation que par la Cla» velisation. » Il fit plus, comme l'inoculation de la Clavelée avait paru développer constamment sur les moutons *une maladie régulière*, *uniforme et benigne*, ce qui n'est pas tout à fait conforme avec le résultat de nos expériences, il essaya encore de l'inoculer seule sur trois enfans. Il fit l'extraction du virus sur un agneau atteint du Claveau benin, et clavelisa ces enfans sur un bras et les vaccina sur l'autre. Le résultat fut égal sur l'un et l'autre bras, « et s'il n'eût » pas marqué, dit-il, le bras clavelisé, il n'aurait

» pu établir de différence entre les pustules vaccinales d'origine claveleuse et celles d'origine humaine. » Ces enfans, quelque temps après, furent soumis en vain à la contre-épreuve variolique.

Ces expériences du docteur *Sacco* ont été faites dans un pays où le Claveau est très-rare; l'auteur lui-même déclare, en rendant compte de la Clavelisation pratiquée par M. *Dandolo*, provéditeur général de la Dalmatie, que cette précaution a été plutôt prise par prudence que par nécessité, attendu que le Claveau *est une maladie inconnue dans la Lombardie* (1). Si le Claveau est inconnu en Lombardie, nous avons la certitude qu'il est commun en Dalmatie. Pour en être convaincu, il suffit de rappeler à la Société les Observations qui lui ont été communiquées à ce sujet par notre collègue M. *Chailly*, qui y a exercé la médecine pendant quelques années, en qualité de médecin militaire. Il semblerait que les résultats des Clavelisations pratiquées sur des enfans par le docteur *Sacco* étaient inconnues aux savans les plus voisins de l'Italie; car le professeur *Brugnone*, de Turin, dit nettement, dans le Mémoire déjà cité et qui a été publié près de deux ans après l'ouvrage de ce médecin, « on sait bien maintenant que le Claveau ne se communique pas aux hommes. »

Le docteur *Sacco* se borne à indiquer les résultats

(1) Biblioth. Britan., pag. 188; octobre 1819.

4*

qu'il dit avoir obtenus, sans décrire la marche, les dégrés de développement, la forme, les anomalies, et la durée du travail qu'il a provoqué. De semblables tentatives faites avant et après les siennes, tant à Paris qu'à Montpellier, et à Turin, etc., sont éloignées d'avoir présenté les mêmes effets. Cependant il est d'un grand intérêt de s'assurer si véritablement la Clavelisation humaine peut produire la Vaccine. Car cette Vaccine d'origine claveleuse, présentant plus d'analogie avec cette affection contagieuse, pourrait encore donner l'espoir de l'opposer avec plus de succès au Claveau, que la Vaccine d'origine équine. Mais comment conserver cette espérance, quand on considère que M. *Marchelly* a annoncé que le produit de la Clavelisation humaine était plus doux que la Vaccine; et que le docteur *Sacco* déclare que ce même produit présente des boutons plus petits que les boutons vaccins ordinaires, tandis qu'il est reconnu que l'espèce de Vaccine dont les moutons sont susceptibles, ne produit sur eux qu'un travail rapide et très-inférieur au développement du vaccin humain. C'est donc pour tâcher de savoir à quoi s'en tenir sur ce sujet, et sortir de l'incertitude où nous plonge ces assertions opposées, que j'ai pris le parti de répéter moi-même les expériences du docteur *Sacco*.

J'ai clavelisé en quatre fois différentes huit enfans, avec toutes les précautions dont je suis capable pour en assurer le succès. Sur cinq de ces enfans je n'ai rien obtenu; sur les trois autres, les piqûres, du deuxième au cinquième jour, donnèrent des signes d'irritation, de rougeur, de tuméfaction, qui s'éteignirent promptement.

Je fus obligé de faire ces premières tentatives mystérieusement; on en sentira aisément les raisons. Mais depuis la lecture de ce Mémoire à la Séance publique, elles ont été répétées authentiquement.

J'appris que M. le professeur *Gérard*, d'Alfort, soignait un troupeau qui avait contracté la Clavelée à la foire de Saint-Denis. Au lieu de matière claveleuse, que je lui avais demandé, il eut la complaisance, ainsi que le savant inspecteur de cette école, M. *Huzard*, de m'envoyer un mouton noir qu'il avait clavelisé, et qui joignait à plusieurs pustules bien développées et en suppuration, deux symptômes d'infection générale, le flux nazal et le météorisme du ventre.

Deux heures après l'arrivée de ce mouton, je procédai à la Clavelisation de plusieurs enfans, comme il conste par le procès-verbal suivant dressé par M. *Caron*. « Aujourd'hui, 16 juillet 1812, M. *Voisin* » voulant constater l'effet de l'inoculation du virus » claveleux sur quelques enfans, a réuni dans sa » maison plusieurs de ses confrères, MM. *Texier*, » *Lavédan*, *Chailly*, *Noble*, *Victor Voisin*, ainsi que » nos collègues MM. *Jouvencel* et *Valois;* et, afin » de donner à cette opération la plus grande au- » tenthicité, elle a été pratiquée en présence de » M. le comte *de Gavre*, préfet de ce département » et président de la Société d'Agriculture, et de » M. *Caron*, secrétaire perpétuel. La matière né-

» cessaire pour cette opération a été prise sur un » mouton noir envoyé de l'école d'Alfort, ayant trois » pustules claveleuses en pleine suppuration, elle fut » insérée à l'instant même sur trois enfans, par huit » piqûres sur les deux bras.

» Le premier de ces enfans se nomme *Antoine* » *Brassac*, âgé de quinze ans et demi; le second, » *Louise Frichot*, âgée de huit ans; et le troisième, » *Joseph-François Blancheton*, âgé de dix-neuf » mois.

» On s'était assuré que ces enfans n'avaient eu » ni la Vaccine ni la petite vérole.

» L'opération terminée, il a été dressé le présent » procès-verbal, signé de toutes les personnes ci- » dessus désignées. »

Le 17 juillet on a procédé à l'examen des bras clavelisés. Les piqûres ont paru légèrement gonflées et enflammées.

Le même jour, deux autres enfans, aux dépens du même mouton noir, ont été clavelisés; l'un, *Jean-Baptiste Brasseur*, âgé de quatre ans et demi, par M. *Lavédan*; l'autre, *Jean-François Brillant*, par M. *Chailly*.

Dès le 18, la légère inflammation des piqûres de *Brassac* ne se soutenait que sur une piqûre du bras droit et sur cinq du bras gauche. Les autres étaient presque effacées. Sur *Louise Frichot* et le petit *Blancheton*, les piqûres étaient également moins enflammées et moins gonflées.

Le 19, la légère inflammation des piqûres de *Brassac* et de *Louise Frichot* était éteinte.

Le 20 juillet, les piqûres des enfans clavelisés le 16 étaient éteintes. On remarquait sur les piqûres des deux enfans clavelisés le 17, un léger travail d'irritation. Le 22, ce léger travail n'existait plus.

Ce même jour, on a procédé à la Vaccination, 1.° de *Joseph Blancheton*, par trois piqûres sur chaque bras;

2.° *Louise Frichot*, par cinq piqûres sur le bras gauche;

3.° *Louis-François Fontaine*, âgé de vingt-un mois, sur les deux bras, par trois piqûres. A l'instant même on a clavelisé ce dernier enfant par trois piqûres sur chaque cuisse, et *Louise Frichot* par quatre piqûres sur le bras droit, afin de servir de point de comparaison en cas de développement simultané de la Vaccination et de la Clavelisation.

Sur la proposition de M. *Landré-Beauvais*, qui assistait à ces expériences, on a laissé *Brassac* et *Brillant* sans les vacciner, et sous l'empire de la Clavelisation, afin seulement de s'assurer si cette inoculation, dégagée de l'influence de la Vaccine, ne produirait point ultérieurement quelques effets, mais ces enfans ne donnèrent aucun signe d'altération dans leur santé. En voulant vacciner le petit *Brasseur*, clavelisé le 17, on s'aperçut qu'il était agité, qu'il avait de la fièvre, et qu'il se faisait une éruption sur la face; on se garda bien d'employer la Vaccination, afin de ne point troubler le travail qui se préparait.

Le 24, les boutons de la face de *Brasseur* s'élevèrent et s'enflammèrent, mais ils ne présentèrent qu'un caractère insignifiant.

Le 27, l'un de ces boutons avait fait des progrès, son sommet était devenu pointu et blanchâtre. Il a été ouvert; on en a extrait assez de matière puriforme pour couvrir la lancette avec laquelle on a inoculé le bras gauche de *Louis Vanherzel*. Ensuite on a obtenu du même bouton assez de matière limpide et visqueuse pour pratiquer deux piqûres sur le bras gauche et trois sur le bras droit. On venait, dans le même moment, de vacciner le frère et la sœur *Noblet* sur les bras gauches. M. *Chailly* profita du reste de matière qu'il put extraire du bouton de *Brasseur*, pour inoculer les bras droits de ces mêmes enfans.

Le 30, on s'est assuré que les enfans vaccinés le 22, présentaient de beaux boutons vaccins sur chaque piqûre. M. *Chailly* en a extrait de la matière pour vacciner avec succès la nommée *Denise Seline*, âgée de deux ans, et *François Baudin*, âgé de trois ans et demi, qui avaient été clavelisés le 24 sans résultat. On a vacciné également avec succès quatre autres enfans, tant aux dépens du petit *Fontaine* que du petit *Blancheton*, qui, à leur tour, la propagèrent à douze autres. Les Clavelisations opérées en même temps que la Vaccination, sur les enfans ci-dessus, ne donnèrent lieu qu'à une légère efflorescence, qui s'éteignit du troisième au quatrième jour, tandis que la Vaccine se développa régulièrement.

Le 31, les piqûres du petit *Vanherzel*, pratiquées avec la matière extraite du bouton de *Brasseur*, étaient rouges et élevées.

Le 3 août, ce léger travail était éteint, et l'enfant continua de se bien porter. Un résultat à peu près semblable a été remarqué sur les autres enfans inoculés avec cette matière.

Le 29 d'août, je reçus de M. *Gérard*, professeur d'anatomie à Alfort, une assez forte dose de virus claveleux conservé sur des verres, et qu'il avait extrait, sous la forme de pus bien lié, sur des bêtes qui avaient le Claveau naturel; il avait joint à cet envoi une autre portion de ce même virus, contenu dans un tube capillaire.

Le même jour, il m'arriva, de chez M. *Dailly* le fils, un agneau atteint naturellement du Claveau, et à l'époque de la suppuration. Ayant alors à ma disposition, comme je le désirais, du virus claveleux naturel ancien et récent, je pus continuer les expériences comparatives suivantes :

1.° M. *Segaux*, âgé de dix-sept ans, élève de l'hospice, fut clavelisé sur les bras par huit piqûres; sur le bras gauche, avec de la matière récente extraite à l'instant de l'agneau ayant le Claveau naturel; puis, ensuite, sur le bras droit, par six piqûres avec la matière claveleuse ancienne et sèche envoyée par M. *Gérard*.

2.° *François Inet*, âgé de vingt-deux mois, fut clavelisé par six piqûres, avec du Claveau récent sur le bras gauche, et par cinq piqûres, avec la matière sèche, sur le bras droit.

3.° *Justine Girault*, âgée de vingt mois, par trois piqûres sur chaque bras, avec la matière sèche et délayée. Les piqûres du bras gauche furent pratiquées avec une lancette chargée de la matière claveleuse contenue dans le tube capillaire.

4.° *Adolphe Vanherzel*, âgé de cinq ans et demi, par cinq piqûres sur chaque bras, avec la matière sèche.

5.° *Zoé Bigorre*, âgée de quatre ans, par quatre piqûres sur chaque bras, avec de la matière sèche.

6.° *Nicolas Potier*, âgé de dix ans, par trois piqûres sur chaque bras, avec de la matière récente.

7.° *Eugène Chartier*, âgé de cinq ans, *idem*.

8.° *Adèle Chartier*, sa sœur, âgée de quatre ans, *idem*.

Afin d'avoir un objet de comparaison du produit de cette espèce de Clavelisation, le même jour, immédiatement après avoir clavelisé les enfans ci-dessus, j'ai inoculé, avec du Claveau récent, 1.° un agneau par dix piqûres sous l'aisselle droite, et par trois piqûres sous l'aisselle gauche, avec du Claveau ancien et contenu dans le tube capillaire; 2.° une brebis avec du Claveau récent sous l'aisselle droite, et par quatre piqûres, avec de la matière sèche et délayée, sous l'aisselle gauche.

Le 2 septembre, l'élève *Segaux*, l'enfant *Inet*,

Justine Girault, *Zoé Bigorre*, *Eugène Chartier*, *Nicolas Potier*, présentaient un léger travail d'irritation sur toutes les piqûres; mais le gonflement et la rougeur étaient plus prononcés sur celles pratiquées avec du pus claveleux refroidi ancien et délayé avec un peu d'eau fraîche. On ne remarquait aucune trace de ce travail sur *Adèle Chartier*, ni sur *Adolphe Vanherzel*. Dès le 4 septembre, le travail d'irritation était éteint sur les piqûres faites avec la matière récente, et ce ne fut que le 6 que les piqûres pratiquées avec le Claveau ancien et délayé, furent trouvées desséchées.

Dès le 1.er septembre, deuxième jour de l'insertion, l'agneau et la brebis clavelisés offraient aux piqûres faites avec le Claveau ancien, une rougeur et un gonflement assez prononcés. Sur les piqûres faites avec la matière récente, ce commencement de travail était plus faible et moins avancé.

Le 3 septembre, progrès considérable. L'agneau continuait de manger; il était seulement un peu triste et farouche. La brebis mangeait peu, son ventre était boursoufflé, elle était brûlante; ses pustules rapprochées se confondaient et présentaient toutes également, tant celles provoquées avec le Claveau récent, que celles opérées avec le Claveau ancien, une couleur rouge foncée telle que celle de la rose de Provins.

Les pustules des piqûres faites avec le Claveau ancien étaient plus étendues et plus enflammées, sur l'agneau, que les autres; entre les premières, il y avait des engorgemens lymphatiques, mais qui n'étaient ni enflammés ni douloureux.

Le 4, les pustules de la brebis étaient un peu livides : elle était débile ; elle avait le flux nasal, les lèvres tuméfiées, le ventre gonflé et tendu ; elle est morte le soir même.

L'agneau avait aussi le flux nasal et les lèvres un peu tuméfiées ; mais les pustules se soutenaient bien et avaient bonne couleur ; le ventre était légèrement gonflé ; l'altération de la veille s'était calmée. Je pris de la matière claveleuse sur les pustules de cet agneau pour claveliser deux autres bêtes qui avaient été vaccinées à la fois, selon la méthode russe et selon la méthode sutonienne. Elles eurent le Claveau inoculé, à peu près de la même manière que l'agneau.

Pour m'assurer de nouveau si ces bêtes clavelisées, ainsi que le mouton noir clavelisé par M. *Gerard*, et un agneau blanc clavelisé par M. *Valois*, seraient à l'abri de la récidive, le 6 septembre ces bêtes furent non seulement mêlées avec l'agneau de M. *Dailly*, qui venait d'avoir le Claveau naturel, et dont les pustules étaient en pleine dessication ; mais encore, pour mieux m'assurer si ces trois derniers animaux résisteraient à une nouvelle Clavelisation, je pratiquai cette opération avec le reste de la matière ancienne et claveleuse que M. *Gerard* m'avait envoyée, et une autre portion de même matière que j'avais fait venir de Trappes.

L'agneau convalescent du Claveau naturel, et le petit agneau déjà clavelisé avec succès, furent clavelisés de nouveau près les aisselles, à la hauteur du coude, par trois piqûres de chaque côté, qui furent bien saturées de matière.

Non-seulement je fis la même opération sur le mouton noir, mais, remarquant qu'il s'était fait au bras droit, près de l'épaule, une érosion considérable, et qui était encore toute sanglante, je chargeai, autant que possible, cette plaie de matière claveleuse.

Le troisième jour de l'insertion, les piqûres et la plaie du mouton étaient légèrement enflammées, gonflées, et couvertes d'un léger enduit puriforme. On remarquait la même disposition, mais plus faiblement, sur l'agneau convalescent et l'agneau de M. *Baron*.

Le sixième jour, ce faible travail était éteint, et il n'avait paru en aucune manière altérer la santé de ces animaux.

On voit, d'après le résultat de ces expériences que la matière claveleuse, en forme de pus lié, refroidie et extraite depuis plusieurs jours de l'animal infecté naturellement, a montré plus d'activité sur les enfans et les moutons clavelisés avec elle, que celle extraite d'un animal infecté naturellement à l'instant même de l'opération ; que, tandis que la Clavelisation se développait avec énergie sur les moutons, elle ne produisait sur la majeure partie des enfans qui y ont été soumis qu'un léger travail d'irritation, qui se développait du deuxième au quatrième jour de l'insertion, et qui s'éteignait ensuite sans produire aucune espèce de développement pustulaire, ni de suppuration aux piqûres.

Cependant on a employé pour les uns comme pour les autres, la même matière, le même procédé; ils y étaient soumis au même moment, sous la même température, qui, pendant le cours de ces expériences, fut successivement chaude, humide et quelquefois un peu froide. C'est dans le courant de juillet, août et septembre que ces tentatives ont été faites, et c'est l'époque de l'année où notre température se rapproche le plus de celle de l'Italie. On a vu que les enfans clavelisés et vaccinés en même temps, ou vaccinés après, se sont montrés tous accessibles au développement complet de la Vaccination, tandis qu'ils étaient en quelque sorte insensibles à la Clavelisation. Comment donc expliquer l'extrême différence de mes résultats comparés avec ceux que le docteur *Sacco* dit avoir obtenus en Italie?

Si les hommes étaient susceptibles d'être atteints de la contagion claveleuse; si ce virus pouvait, par le contact, leur donner la Vaccine, comme il est prouvé par les observations de *Jenner*, que les valets d'écurie la contractent *du griase* des chevaux, pourquoi les bergers qui n'ont pas encore eu la petite vérole, ni la Vaccine, et qui soignent les moutons claveleux, y auraient-ils été inaccessibles jusqu'à ce jour?

Notre collègue, M. *Jouvencel*, nous a fourni à ce sujet une observation assez remarquable.

L'enfant de quatorze à quinze ans, qu'il a signalé dans le Mémoire sur l'Inoculation du Claveau, qu'il a donné à la Société le 25 août 1806, comme ayant soigné son troupeau claveleux, n'avait point eu la petite vérole. Il a conduit, manié, pansé, pendant deux mois, plus de soixante Bêtes malades sans s'être aperçu de la moindre atteinte à sa santé; et au mois de janvier 1809 suivant, il a eu une petite vérole confluente dont il est resté marqué. J'avais encore en vain tenté la Clavelisation humaine, tant en ville qu'à l'hospice, sur six sujets.

J'ai voulu profiter de la session du Jury médical de cette année pour terminer, en sa présence, le cours de ces expériences, comme l'atteste le procès-verbal suivant, revêtu de la signature des Membres du Jury.

« Aujourd'hui premier ocrobre 1812, en présence » de M. le professeur *Chaussier*, président du Jury » médical, membre de l'Institut, etc. et de MM. » *Texier*, *Cizos*, *Gallot*, membres du Jury mé- » dical de Seine et Oise; de MM. *Lavédan*, *Chailly*, » *Noble*, *Victor Voisin*, mes confrères, j'ai pro- » cédé à la Clavelisation et à la Vaccination des En- » fans suivans :

» 1.° Du jeune *Segaux*, pour la troisième fois.

» 2.° De *Jeannette*, enfant indigent de l'hospice, âgée de douze ans.

» 3°. D'*Armandine Entrelle*, âgé de vingt-trois mois.

» On a procédé à la Clavelisation avec la matière » claveleuse prise à l'instant même de l'insertion, » sur un Agneau Mérinos de M. *Fessard*, atteint de

» la Clavelée naturelle et en pleine suppuration, qui » avait été amené de Trappes exprès.

» La Clavelisation a été opérée par quatre piqûres » sur les bras droits.

» Et on a vacciné ces mêmes enfans sur les bras » gauches, par quatre piqûres, avec de la matière » vaccinale prise, de bras à bras, sur un enfant de » cinq mois, au huitième jour de la Vaccination ».

Le sixième jour on a visité ces enfans : on a reconnu que les piqûres des bras droits étaient presque effacées; qu'il s'était manifesté du deuxième au quatrième jour une légère efflorescence; qu'il restait sur les piqûres de *Segaux* une démangeaison incommode.

Sur les bras gauches, la Vaccine se développait; une seule pustule vaccinale se montrait sur une des piqûres du bras gauche de *Segaux*. Le huitième jour, *Jeannette* offrait cinq beaux boutons vaccins sur le bras gauche avec une auréole bien développée.

Le bouton vaccin de *Segaux* est écorché et se dessèche.

La jeune *Entrelle* présente des boutons vaccins sur chaque piqûre du bras gauche, tellement bien développés, qu'ils offrent l'étendue d'une pièce d'un demi-franc, que les auréoles réunies forment une plaque inflammatoire très-étendue, que l'enfant a le pouls fébrile, de l'agitation et les traits altérés.

Tous les autres enfans qui avaient été clavelisés et non vaccinés, le furent avec succès aux dépens de cette petite fille.

Ainsi cette dernière expérience est également confirmative des réflexions énoncées ci-dessus.

La lecture de l'Ouvrage du docteur *Sacco* présente des faits si singuliers et si contradictoires, en les comparant avec ceux que l'on a observés en France, et particulièrement sous les yeux de la Société, qu'on ne peut repousser entièrement les doutes qui s'élèvent contre leur véracité, ainsi que sur les conséquences que l'on en tire. Par exemple, il annonce (1) « que » la Vaccine inoculée aux moutons ne forme *point* » *de croûtes ; qu'elle se dissipe* entièrement par l'ab- » sorption ; et que la peau se détache par petites » écailles comme du son ». Nous avons observé tellement le contraire, que la période de la dessication et de la formation de la croûte de la pustule vaccinale du mouton a été dessinée par notre collègue M. *Pernot ;* et qu'en examinant les cinquante bêtes vaccinées à Trappes dernièrement, trois semaines après cette opération, nous vîmes clairement, M. *Valois* et moi, sur beaucoup de ces animaux, des croûtes brunâtres qui n'étaient point encore tombées.

Le docteur *Sacco* prétend que, quand on communique la Clavelée par inoculation d'un mouton qui en est atteint naturellement, à un autre mouton, il en résulte ordinairement une éruption générale. Nous avons constamment remarqué que la Clavelisation opérée de mouton à mouton donne presque toujours le Claveau local et benin ; que plus le tra-

(1) Biblioth. Britan., page 189.

vail local est prononcé, moins il se fait d'éruption générale; et *vice versâ* (1).

Quoique le docteur *Sacco* accorde la préférence à la Vaccination, comme moyen préservatif de la Clavelée, il convient cependant qu'il a pratiqué la Clavelisation avec succès; que, dans ses mains, les bêtes qui y ont été soumises n'ont point souffert de cette méthode, et qu'elles ont été mises par elle à l'abri du Claveau naturel.

En France, presque toutes les personnes qui, comme notre zèlé collègue M. *de Barbançois*, ont mis en pratique la Clavelisation avec soin et sur de nombreux troupeaux, et qui se sont conformées aux règles établies d'après l'expérience, n'ont eu qu'à se louer d'avoir adopté cette méthode. Le professeur *Brugnone*, de Turin, déclare aussi qu'il ne connaît point de meilleur préservatif du Claveau naturel que la Clavelisation. *Pag.* 20 *et* 21 *de son Mémoire.*

---

(1) Comme le travail local prononcé prend souvent la forme tumorale et le caractère de l'anthrax, etc.; dans ce cas, s'il ne survient pas de signes généraux d'invasion et d'infection, il ne faut pas regarder l'animal clavelisé comme à l'abri de la récidive.

Les expériences et observations à faire de nouveau prouveront peut-être qu'il est possible de trouver le moyen de perfectionner le mode d'insertion au point d'obtenir constamment un travail sous forme pustulaire, semblable au Claveau naturel, et plus propre à le remplacer. En effet, les pustules claveleuses naturelles présentent bien des différences dans leurs formes et dans leur étendue; mais elles conservent la forme pustulaire et ne prennent point la forme tumorale.

Les Observations communiquées par M. *Grognier*, professeur à l'École impériale vétérinaire de Lyon, insérées dans les Annales d'Agriculture, VI.e cahier, 30 juin 1811, prouvent que cette méthode, employée sagement et bien dirigée, donne d'heureux résultats. Dans le N.o 26 du Bulletin des Sciences médicales de la Société de Médecine du département de l'Eure, on annonce, *page* 199, que, dans le printemps de 1811, le Claveau a été très-commun dans le département de l'Eure; qu'il a continué ses ravages pendant l'été; que la chaleur l'avait rendu plus désastreux. « La Clavelisation a été le meilleur » moyen, dit le Rapporteur, de garantir les moutons » des fâcheux effets de cette maladie ».

Dans le Bulletin de décembre 1811, N.o 14, il est dit, *pag.* 15 : « Le docteur *Serrières*, médecin des » hospices de Nancy, et Rapporteur du Comité de » Vaccine de cette ville, rappelle l'excellence de l'ino- » culation du Claveau, qui a été pratiquée avec tant » de succès sur un grand nombre de Bêtes à laine ».

Je pourrais citer d'autres faits confirmatifs de l'avantage obtenu sous vos yeux par la Clavelisation. Mais ces citations m'entraîneraient trop loin; je me bornerai à fixer de nouveau l'attention de la Société sur ce qui vient de se passer aux portes de Versailles, sur le nombreux troupeau de notre collègue M. *Fessard* fils, fermier de S. M. l'Empereur, à la Ménagerie, qui a bravé tous les préjugés pour ne suivre que l'impulsion de son zèle pour les progrès de son art.

Plus de neuf cents Bêtes à laine ont été soumises par ce zèlé Agriculteur à la Clavelisation. Cette opération a été pratiquée par piqûres superficielles; une seule bête a été clavelisée par piqûres profondes, et en a été la victime.

M. *Fessard*, n'a pu comme son intérêt le commandait, faire cette opération, à la fois, sur tout son troupeau, aussitôt que l'infection claveleuse s'est manifestée, comme MM. *Jouvencel*, *Valois* et moi le désirions et lui avions conseillé. Elle n'a donc été pratiquée que par parties et successivement; mais, si par cette manière d'agir, notre Collègue compromettait la santé de son nombreux troupeau, il servait la science, par les différens résultats du mode qu'il a suivi.

On a commencé à pratiquer la Clavelisation, elle a été suivie et a été terminée chez M. *Fessard*, dans les mois de décembre, janvier, février et mars derniers. Si elle eût été faite à la fois sur tout le troupeau, son développement aurait duré quarante ou cinquante jours au plus, à cause des bêtes qui auraient été manquées, et qu'il aurait fallu claveliser de nouveau; une température assez douce, quoiqu'au cœur de l'hiver, favorisait le succès de cette opération.

Quelques Essais de Monsieur *Fessard*, dans sa grande opération, ont été hazardés et ne doivent pas être imités, par exemple : il a soumis trop tôt, à l'infection claveleuse naturelle et spontanée, les dix-huit bêtes qui avaient été d'abord clavelisées (1). Cette Expérience qui compromettait la vie de ces animaux précieux, puisque c'étaient des Espagnols, ne pouvait amener aucun résultat curieux et satisfaisant; parce qu'on présume depuis longtemps, qu'il faut que l'inoculation d'un virus quelconque, ait donné lieu au développement complet du travail qui en résulte, et surtout au développement des symptômes qui annoncent l'invasion générale, tels que l'abattement, la tristesse, la soif, la fièvre, le météorisme du ventre, le flux nazal, ou au moins quelques-uns de ces symptômes, pour mettre l'animal qui y a été soumis à l'abri de la récidive.

M. *Fessard* a été tellement satisfait de son opération, qu'il se propose, chaque année, de faire claveliser les premiers nés de ses troupeaux, aussitôt qu'ils auront reçu le développement nécessaire pour supporter cette opération, et en profiter.

On a vu que sur plus de neuf cent bêtes clavelisées, une seule a péri, et encore parce qu'elle avait été clavelisée par des piqûres profondes; tandis qu'il a perdu près du tiers de celles qui ont été infectées du Claveau naturel et spontané.

---

(1) Il est à remarquer que ces dix-huit bêtes avaient été clavelisées avec la matière extraite des premiers animaux atteints naturellement du Claveau, et quoiqu'on ne se soit pas assuré si elles ont éprouvé des symptômes d'infection générale, cela paraît présumable, puisqu'elles ont résisté à une contre-épreuve prématurée. Cette observation ne peut-elle pas être considérée comme un exemple de plus qu'il faut préférer de pratiquer la Clavelisation avec la matière du Claveau naturel?

Il a de plus démontré que la Clavelisation sagement faite n'est pas plus dangereuse sur les agneaux nouveaux nés et les brebis portières, que sur les autres.

Les succès de M. *Fessard* confirment ceux déjà obtenus par les soins de notre collègue M. *Jouvencel*, et de plusieurs autres. Mais, combien ne sont ils pas eux-mêmes étayés par la gigantesque expérience de M. le Conseiller *Holmaister* (1), Directeur des Biens et Domaines de la famille Impériale en Hongrie; il avait sous sa garde un troupeau de vingt-quatre mille moutons, tous de race Espagnole. Il en perdit un grand nombre par le Claveau; alors il prit la résolution de faire claveliser ceux qui restaient. L'expérience fut faite successivement sur huit mille agneaux et deux mille moutons; aucun ne périt. Après quoi, il en fit claveliser une seconde fois mille, et les fit communiquer librement avec des bêtes atteintes naturellement de la maladie, sans qu'aucun d'eux la prît.

Quand on cherche franchement la vérité, quand le désir sincère de la trouver, et le bonheur de concourir à faire le bien, sont les seuls motifs qui animent, on doit également compte au public des faits, qui semblent donner un démenti formel à ceux qui viennent d'être exposés, en faveur de la

(1) *Vid.* Biblioth. Brit., octobre 1810, page 189.

Clavelisation. M. *Picot Lapeyrouse*, propriétaire à Toulouse, a donné un Mémoire inséré dans les Annales de l'Agriculture Française, rédigées par nos savans collègues MM. *Tessier* et *Bosc*, membres de l'Institut, qui tend à établir non-seulement l'inutilité, mais encore le danger de la Clavelisation des Bêtes à laine.

Le 10 juin 1810, le Claveau se manifesta dans la division des moutons d'un troupeau de M. *Lapeyrouse*, de près de cinq cents bêtes : le 24 juillet, quarante-quatre jours après l'invasion, on fit l'extraction de la matière claveleuse des pustules de plusieurs moutons atteints du Claveau benin et discret, avec lequel un artiste vétérinaire clavelisa cent quatre-vingt-dix bêtes, par des piqûres profondes, *portées* (dit M. *Lapeyrouse*), *au-dessous du cuir*.

Dès le 26, les bêtes boitèrent un peu. Le 27, les cuisses clavelisées enflèrent. Le 28, l'enflure devint extrême; les bêtes ne pouvaient presque pas marcher, il découlait beaucoup de sanie des piqûres.

La température, pendant ce développement, était si chaude, que le thermomètre de *Réaumur* marquait vingt-trois degrés, et qu'il soufflait un vent brûlant.

L'invasion naturelle de la maladie avait tellement été rapide et désastreuse, que douze des moutons atteints d'un Claveau confluent, périrent coup sur coup.

Le 29, des escarres gangreneuses se manifestèrent sur la cuisse des bêtes inoculées ; trois meurent subitement ; on se décide à scarifier les escarres, etc. Seize bêtes ont succombé le jour même de l'opération ; six sont mortes huit jours après ; vingt-six bêtes seulement sur cent quatre-vingt-dix, eurent, à ce qu'il paraît, le Claveau inoculé ordinaire, car on s'est dispensé malheureusement d'entrer dans des détails descriptifs et journaliers, si nécessaires quand on fait des recherches sur une matière encore si peu connue.

Plusieurs des bêtes eurent un travail tumoral, d'autres des escarres cornées, etc. ; mais toutes ces vingt-six bêtes exposées, après leur guérison, à la contagion claveleuse, ne la contractèrent pas, ce qui prouve que la Clavelisation avait eu un plein succès sur elles (1). Toutes les autres bêtes ont été attaquées successivement du Claveau naturel, vingt, trente, quarante jours après la Clavelisation et la cure de la gangrène qu'elle avait déterminée. Ce fait est un exemple de plus que la gangrène qui s'empare promptement d'une partie clavelisée, empêche l'absorpstion du virus claveleux, et s'oppose à l'infection générale. Les observations de M. *Calignon*, de Dijon, cité dans notre Rapport en 1805,

---

(1) Si ces vingt-six bêtes eussent été visitées exactement, il est présumable qu'on aurait remarqué qu'au travail local prononcé, elles joignaient des signes d'infection générale.

qui, aux escarres gangreneuses, avait ajouté la cautérisation, nous avait déjà fourni des exemples frappans de cette singularité déjà suffisamment expliquée par l'effet préservatif de la cautérisation dans les cas de plaies rabifiques, dont les savans professeurs *Sabathier*, *Pelletan* et *Chaussier* ont publié des exemples authentiques.

Le cinquième des autres bêtes qui eurent le Claveau naturel et spontané, succomba, et on peut juger combien cette affection était désastreuse, puisque des mères ont eu les yeux arrachés des orbites; d'autres ont perdu les naseaux, les oreilles; une, la langue; trois sont restées borgnes; un mouton a été perclus du train de derrière; une femelle a eu un dépôt au ventre qui lui avait mis le péritoine à nu; ainsi on voit clairement, par cet exposé fidèle, qu'à une Clavelée très-maligne dont ce malheureux troupeau était affligé, on avait ajouté une opération exécutée de manière à augmenter le mal au lieu de l'adoucir.

Dans le même Mémoire, M. *Lapeyrouse* rend compte de la Clavelisation opérée par M. *Viguerie*, chirurgien en chef de l'hôpital de Toulouse, sur son troupeau composé de cent quatre-vingt-quatre bêtes; son but était de prévenir l'infection claveleuse naturelle dont tous les troupeaux voisins du lieu étaient infectés. Il fit son opération en septembre 1810; cinq bêtes furent clavelisées par piqûres profondes qu'il appelle *sous cuir*, et le reste par incisions superficielles. Malheureusement, ainsi que presque tous les autres auteurs de semblables expériences, M. *Lapeyrouse* ne donne aucun détail sur le développement du produit de ces Clavelisations. Il se borne à dire : » Que cette opération a eu le » résultat le plus satisfaisant ; nul accident, point » d'éruption générale, simple travail de la nature » aux incisions seulement ».

Les cinq bêtes clavelisées par piqûres *sous cuir* ou profondes, ont été prises de la gangrène dans les vingt-quatre heures de l'insertion. Quatre périrent ; une seule a dû son salut à la suppuration abondante qui suivit la chûte des escarres.

Après cet exposé, M. *Lapeyrouse* fait un rapprochement très-juste et comparatif des résultats des piqûres superficielles et profondes, et il attribue avec raison les désastres qui en ont été la suite à ces dernières.

Mais ce qu'il y a de plus piquant et de plus déplorable pour M. *Viguerie*, qui croyait son troupeau bien clavelisé, c'est que cinquante-un jours après cette opération, la Clavelée naturelle se manifesta sur les bêtes et a duré jusqu'aux premiers jours de février.

La mort a suivi l'avortement du plus grand nombre de ses portières ; cinquante bêtes ont péri ; un grand nombre a été mutilé ; la cécité, la surdité, la paralysie, ont été les suites de cette cruelle maladie.

Après bien des réflexions sur les effets désastreux de la Clavelée spontanée et du Claveau inoculé,

M. *Lapeyrouse* conclut « *qu'il est prouvé que l'ino-* » *culation bien faite du virus claveleux n'est pas un* » *préservatif certain de la Clavelée naturelle*, et que » le parti le plus sage pour les propriétaires de » troupeaux est de bien surveiller les leurs ; de se » livrer aux événemens, et de tout attendre des effets » de la nature ».

Le compte rapide que j'ai à rendre des Clavelisations qui viennent d'être pratiquées sur les nombreux troupeaux de MM. *Dailly* fils, et *Pluchet*, à Trappes, tend également, si on se contente de le considérer légèrement, à refuser à l'inoculation claveleuse la propriété de mettre les animaux que l'on y soumet à l'abri de la récidive. En effet, onze cents bêtes ont été clavelisées par M. *Valois* chez M. *Dailly*, et neuf cent cinquante chez M. *Pluchet*. Ces vaccinations ont été faites depuis le 29 août jusqu'au 15 septembre. Le Claveau naturel a commencé à se manifester dans une portion du grand troupeau de M. *Dailly*, composé de quatre cents bêtes. Quarante ont d'abord été prises ; ce sont ces quarante bêtes infectées spontanément qui ont fourni la matière claveleuse avec laquelle on a clavelisé quatre-vingt-dix-sept bêtes. C'est avec le produit de l'inoculation du Claveau sur ces quatre-vingt-dix-sept bêtes, que tout le reste du troupeau a été clavelisé.

Il y avait dans ce troupeau une division composée de trois cent cinquante brebis qui furent clavelisées; mais ces bêtes, pendant le travail de la Clavelisation, furent exactement séparées de celles qui étaient atteintes de la contagion.

Il y avait aussi une division de moutons coupés de trois cent cinquante. Sur ce nombre, il y en avait trente de boiteux, et au bout de sept ou huit jours de la Clavelisation, ces bêtes boiteuses furent mêlées avec des bêtes infectées. Après vingt à trente jours de mélange, elles contractèrent la maladie. Toutes les bêtes clavelisées du troupeau de M. *Dailly*, furent, d'après cet exemple, soigneusement tenues séparées des bêtes infectées du Claveau naturel, et depuis quatre mois qu'elles ont été clavelisées, on ne s'est aperçu d'aucune trace d'infection.

La Clavelisation pratiquée de la même manière et par le même artiste vétérinaire, sur les moutons de M. *Pluchet*, a été beaucoup plus malheureuse. Je l'avais engagé à attendre le résultat de quelques expériences que je pratiquais alors, pour se déterminer à prendre le parti de tenter de mettre son troupeau à l'abri du Claveau naturel dont il était menacé par le voisinage du troupeau infecté de M. *Dailly*. Mais inquiet du sort de ses bêtes portières, et encouragé par l'heureux exemple de M. *Fessard*, il ne voulut plus retarder cette tentative.

Il paraît malheureusement que pendant le cours du développement de la Clavelisation, le berger qui conduisait son troupeau est venu le faire paître un peu trop près de la division du troupeau de M. *Dailly*, composée des bêtes qui avaient le Claveau naturel. Plusieurs en furent atteintes très-promptement, et cette circonstance laisse dans l'incertitude de décider si l'éruption générale des pustules claveleuses qu'elles eûrent, peut être considérée comme l'effet de la Clavelisation, ou d'une nouvelle infection, ou de la coincidence de ces deux manières de contracter la maladie.

Il n'en est pas moins vrai que la moitié de ce troupeau, que l'on regardait comme clavelisée, a été reprise successivement du Claveau naturel, depuis les premiers jours d'octobre jusqu'au 15 décembre 1812, que la contagion n'était point encore éteinte; que les bêtes portières avaient été les plus maltraitées, puisque M. *Pluchet* estime que la moitié de ses portières, prises de la maladie, après la Clavelisation non suffisamment constatée, a péri.

Cette grande occasion d'obtenir des renseignemens utiles sur plusieurs points douteux de la Clavelisation, a été perdue pour la science. Il aurait fallu mettre dans cette opération une méthode, une recherche incompatibles avec les embarras que donnent aux propriétaires l'exploitation de grands emplois ruraux. Notre éloignement de deux grandes lieues, et des devoirs nombreux à remplir, ne permettaient ni à M. *Valois* ni à moi, de surveiller exactement cette opération et ses suites.

Aussi mes recommandations de visiter tous les deux jours les bêtes clavelisées, de décrire exactement le développement du travail local ou général, de séparer et marquer celles qui auraient des symptômes généraux d'infection et d'invasion, ont été vaines. J'aurais désiré aussi que l'on eût distingué les bêtes qui avaient été clavelisées avec de la matière prise sur des bêtes atteintes du Claveau naturel, d'avec celles qui avaient été clavelisées avec de la matière prise au troisième jour de l'insertion, sur le travail local que présentent les piqûres à cette époque de la Clavelisation. Si ces précautions, très-difficiles à prendre, à la vérité, sur un troupeau de deux mille deux cents bêtes, eussent été prises, il aurait été facile de voir et de s'assurer, 1.°, sur combien de bêtes la Clavelisation avait réussi; 2.° sur combien il avait fallu recommencer l'opération; 3.° si la contagion aurait épargné les bêtes bien clavelisées, et qui auraient éprouvé des symptômes généraux d'infection et d'invasion, tandis qu'elle aurait exercé ses ravages sur celles qui n'auraient eu qu'un travail léger et local; 4.° enfin, on aurait su si la méthode de M. *Valois* de puiser la matière qu'il employe pour claveliser, sur le léger travail purement local, au troisième jour de l'insertion de la Clavelisation, possède les qualités, et a reçu les modifications nécessaires pour donner un Claveau inoculé capable de mettre ces animaux à l'abri de la récidive (1).

---

(1) En attendant que ces points de doctrine soient éclaircis, il est prudent de prendre la matière du Claveau naturel pour procéder à la Clavelisation, ou au moins de la matière prise sur des Bêtes inoculées qui éprouvent des symptômes généraux d'invasion et d'infection, et ayant aux piqûres un développement pustulaire.

On remarque trop d'analogie entre la Clavelée et la petite Vérole, pour qu'il n'y en ait pas également entre l'Inoculation variolique et la Clavelisation. Mais il existe certainement entre elles des différences qui tiennent aux modifications que ces maladies reçoivent respectivement de l'organisation propre à chaque espèce que l'on y soumet.

Aux observations de notre collègue, M. *de Barbançois*, sur le Mémoire de M. *Lapeyrouse*, insérées dans les Annales d'Agriculture, IX.e cahier, septembre 1811, et sur les conséquences désespérantes par lesquelles il le termine, je joindrai celles qu'on ne peut se dispenser de faire en réfléchissant tant sur le résultat des faits rapportés par MM. *Lapeyrouse* et *Viguerie*, que ceux observés sur les troupeaux de MM. *Dailly* et *Pluchet*. En effet, en considérant ce qui s'est passé sur les bêtes des troupeaux de MM. *Lapeyrouse* et *Viguerie*, clavelisées par des piqûres *profondes et sous cuir*, et au moment de la seconde époque d'infection, puisque c'était quarante-quatre jours après l'invasion, il est facile de remarquer que les accidens auxquels elles ont succombé, ne dépendaient point essentiellement du virus claveleux communiqué. On voit que ces bêtes sont devenues boiteuses dès le lendemain de l'insertion ; qu'une enflûre extrême de la cuisse piquée, un écoulement sanieux, et enfin la gangrène, suivirent de près les premiers accidens. Pourquoi ? parce que, au lieu de porter la lancette chargée du virus sur les voies absorbantes lymphatiques de la peau, on a percé le derme, irrité, piqué les filets nerveux, cutanés et sub-cutanés, et les organes musculaires. Qui ne connaît pas les effets terribles qui résultent de la lésion d'un nerf cutané dans la pratique de la saignée et des cautères établis par incisions? On a vu des Bêtes à laine mordues aux cuisses par des chiens, mourir de la gangrène dans les vingt-quatre heures. Ce qui prouve que des organes sensitifs et moteurs ont été lésés par les piqûres *sous cuir*, c'est que les animaux ainsi inoculés, sont devenus boîteux dès le lendemain de l'opération. Quand l'inoculation porte le premier degré de son action sur les organes lymphatiques, quelle que soit la vigueur de son développement, on ne voit point ordinairement qu'elle soit suivie rapidement de la claudication.

C'est sous l'épiderme que se trouvent placées les voies absorbantes. C'est là que le virus doit être porté et déposé, et non dans le torrent de la circulation veineuse.

La première impression de l'inoculation se fait sur le système lymphatique, et ce n'est que lors du développement pustulaire ou tumoral que les organes de la circulation sanguine se trouvent altérés.

Comment peut-on employer, pour opérer la Clavelisation, les piqûres ou les incisions *sous cuir*, puisque depuis long-temps les règles admises pour l'inoculation variolique, les désignent comme dangereuses? Quand on a essayé la Clavelisation, on ne voit pas qu'on se soit permis d'employer de semblables procédés. Un grand maître en cette partie, M. *Tessier* de l'Institut, qui sert la science avec autant de zèle que de succès depuis trente ans, n'avait-il pas donné l'exemple de la Clavelisation par incisions superficielles, dans l'expérience qu'il fit, il y a trente ans, dans la Beauce, sur deux moutons? Lors de nos expériences à Versailles, nous avons essayé aussi de pratiquer la Clavelisation par piqûres profondes, c'est-à-dire, que ces piqûres étaient faites de manière à provoquer l'issue d'un peu de sang, tandis que dans les autres, dites superficielles, il n'en sortait point du tout.

Les superficielles ne s'étendaient que sous l'épiderme, et aboutissaient au tissu muqueux.

Les profondes pénétraient jusqu'au tissu vasculaire du derme, étaient accompagnées d'une légère effusion de sang, mais aucune *n'allait sous cuir*. Aussi n'a-t-on point vu les bêtes inoculées ainsi présenter les désastres décrits par M. *Lapeyrouse*. Et, à ce sujet, il est dit page 63 de notre Rapport publié en 1805 : « on ne s'est aperçu d'aucune différence dans le » produit de la Clavelisation entre les trente-deux » bêtes inoculées le 26 prairial, par piqûres super- » ficielles, et les vingt-cinq bêtes inoculées par des » piqûres profondes, mais nos *piqûres profondes* » *n'allaient pas sous cuir*.

D'où dépend la supériorié de l'inoculation cutanée sur la petite Vérole, ou la Clavelée naturelle et spontanée? Dans le premier cas, c'est que le virus varioleux ou claveleux ne porte son action d'abord que sur les voies absorbantes lymphatiques, et sur un point de la texture de la peau dont l'intégrité n'est pas aussi essentielle à la conservation de la vie que les organes internes de la respiration, qui sont les premières affectées dans l'infection naturelle.

Les faibles détails que l'on donne du produit de la Clavelisation du troupeau de MM. *Lapeyrouse* et *Viguerie* suffisent pour démontrer que sur la majeure partie de ces animaux le produit de la Clavelisation n'a point présenté le développement et le cours ordinaire du Claveau inoculé. Les observations et réflexions que le sage et savant secrétaire perpétuel de la Société d'Agriculture de Toulouse vient de publier, qu'il nous a adressées, et qui doivent être maintenant insérées dans les Annales d'Agriculture, confirment bien notre manière de voir sur le résultat des opérations de MM. *Lapeyrouse* et *Viguerie*.

En quoi consistait, en effet, *le simple travail de la nature* qui a suivi la Clavelisation des bêtes de M. *Viguerie?* On ne peut s'en faire une idée juste, puisqu'on s'est dispensé de faire la description, jour par jour, de son développement. Si la Clavelisation eût eu du succès, et qu'elle ne se fût manifestée que par un léger travail, elle aurait été suivie, comme on l'a presque toujours remarqué, d'une éruption pustulaire plus ou moins générale, ou de la fièvre claveleuse absolument nécessaire au succès. Dans le cas contraire, le travail purement local aurait été énergique et tumoral, et aurait provoqué cette même fièvre claveleuse qui, seule, suffit sans éruption pour mettre à l'abri de la récidive, et qui est presque toujours accompagnée du météorisme de l'abdomen, du flux nazal, d'altération, de tristesse, d'abattemens plus ou moins prononcés.

Il est donc bien important pour claveliser avec succès, de multiplier assez les piqûres pour que le travail qui doit en résulter se prononce assez fortement. De cette manière on court moins le risque d'être obligé de recommencer l'opération. On se souvient que lors de la Clavelisation du troupeau de notre collègue M. *Jouvencel*, faute de matière suffisante, on ne faisait sur chaque bête que deux piqûres, aussi fut-on obligé de réitérer l'insertion jusqu'à trois fois. Mes dernières expériences m'autorisent à établir que, si par un trop petit nombre de piqûres on court les risques de claveliser sans succès, il y a aussi du danger à les trop multiplier; car j'ai perdu une brebis de M. *Marolles*, pour l'avoir clavelisée par huit piqûres rapprochées de chaque côté de la poitrine. Un nombre moyen est donc préférable, et je me suis bien trouvé, depuis cette remarque, de m'être borné à en faire quatre, deux de chaque côté.

Quelques personnes se servent aussi de matière claveleuse concrète, qu'ils introduisent sous l'épiderme. Ce procédé, quoiqu'il ait réussi quelquefois, est très-inférieur au procédé ordinaire, attendu que les voies de l'absorption cutanée sont trop déliées, trop capillaires, pour absorber une matière concrète. Si l'on veut obtenir des succès plus certains en pareil cas, il faut écraser cette matière concrète, la délayer avec un peu d'eau froide, et s'en servir sous forme fluide. Mais quand on ne peut claveliser avec de la matière claveleuse extraite à l'instant de l'insertion, il est plus sûr de préférer à tous autres moyens la matière claveleuse recueillie dans les tubes capillaires. M. *Gérard*, professeur d'anatomie à l'Ecole impériale vétérinaire d'Alfort, vient de claveliser heureusement deux agneaux avec de la matière recueillie de cette manière, et conservée depuis huit jours. C'est le moyen de conserver, autant que possible, cette partie fugace du virus dans laquelle paraît résider la propriété infectante, et qui échappe probablement à l'analyse.

Il paraît à peu près indifférent de se servir, pour inoculer, de la matière claveleuse prise sur une bête ayant le Claveau discret ou confluent : on se rappelle que l'on nous amena pour nos expériences, en 1805, des bêtes qui avaient le Claveau naturel très-confluent, et cependant le résultat de nos Clavelisations fut généralement benin. En effet, un virus *sui generis* a un caractère spécial et qui ne paraît pas susceptible d'être altéré par aucune complication (1). La mul-

(1) Une expérience que je crois avoir faite le premier, il y a dix ans, et qui a été répétée avec le même succès depuis, semble prouver cette assertion.

On connait la facilité avec laquelle la contagion de la Gale se

tiplicité de l'éruption, les complications malignes, putrides, gangreneuses, tiennent à des circonstances qui influent sur l'organisation des animaux, et qui dépendent d'une infinité de causes qu'il serait trop long de détailler ici; s'il eût été possible d'enchaîner, de maîtriser ces causes, de mettre les animaux à l'abri de leur influence générale, alors la Vaccination et l'Inoculation seraient devenues inutiles, car il paraît certain, d'après des observations bien faites et l'expérience de nos meilleurs inoculateurs, que la variole considérée isolément n'est point essentiellement dangereuse, et qu'elle ne le devient qu'accidentellement.

Je ne prétends pas, par les expériences dont j'ai rendu compte, ni par les réflexions qu'elles m'ont suggérées et que je soumets à l'examen et au jugement des personnes plus versées que moi sur cette matière, porter atteinte à la véracité des faits annoncés par MM. *Picot-Lapeyrouse* et les médecins italiens. Le Mémoire de M. *Lapeyrouse* a l'avantage de démontrer de la manière la plus évidente le danger des piqûres *profondes sous cuir*, qui, d'après les exemples de leurs effets désastreux, doivent être

communique; pour m'assurer si le virus vaccin pourrait se combiner avec elle, je vaccinai deux galeux avec succès. Je pris sur eux de la matière vaccinale avec assez de précaution pour ne point toucher aux boutons de la Gale, avec laquelle je vaccinai plusieurs enfans non-galeux qui eurent une belle vaccine et point la Gale.

proscrites par tous les gens de l'art. Je me borne seulement à contester les conséquences qu'ils en tirent. Ils peuvent avoir été induits en erreur. Les différens développemens auxquels la Clavelisation peut donner lieu ne sont point encore parfaitement connus : c'est une matière que l'on étudie, et sur laquelle on n'a que très-peu d'expériences. Nous cherchons tous à être utiles et à dégager la vérité de l'erreur. Il est rare que les hommes qui tendent au même but emploient les mêmes moyens, suivent les mêmes idées, pour y parvenir ; mais tous doivent y mettre la meilleure foi du monde. Nous devons tous le tribut de nos talens, de nos lumières, au bien public, à l'avantage de notre pays. Des institutions savantes sont établies, surtout dans la capitale de l'empire, pour apprécier, juger et fixer l'opinion sur tous les genres de productions de l'esprit humain. Ne nous hâtons donc point de prononcer sur des questions qui laissent encore beaucoup de choses à désirer avant de pouvoir y répondre affirmativement ou négativement.

Les Clavelisations pratiquées en grand à Trappes, et qui n'ont pu être suivies ni observées de près, prouvent évidemment qu'il est possible, en faisant cette opération, de ne la faire qu'imparfaitement sur un très-grand nombre de bêtes. Nous ne pouvons donc joindre aujourd'hui aux résultats déjà connus que ceux bien prononcés que nous venons d'obtenir sur huit moutons dirigés avec soin sous mes yeux et sous ceux de mes collaborateurs ; ainsi que le résultat de la contre-épreuve tentée à Trappes, sur quinze agneaux clavelisés chez M. *Fessard*, au mois de janvier dernier, et qui sont mêlés encore depuis plus de deux mois, ainsi que le mouton noir clavelisé par M. *Gérard*, et reclavelisé une seconde fois en vain par moi. Ce mouton noir a constamment résisté à ces différentes tentatives, et cependant il n'est résulté de sa première Clavelisation que trois pustules un peu plus grandes que les naturelles, qu'un météorisme abdominal modéré, et un léger flux nazal accompagnés d'une légère accélération fébrile.

Sur les quinze agneaux de M. *Fessard*, quatre ont été repris de la maladie; il en est mort un seul, et les autres sont préservés.

Si quelques faits semblent donner des doutes sur la propriété préservatrice de la Clavelée artificielle ou inoculée, d'autres faits beaucoup plus nombreux militent en sa faveur. Les résultats de l'analyse des virus variolique, claveleux et vaccin, présentent encore des points d'analogie favorables à cette opinion. Voulant m'assurer si l'analyse comparée de ces trois virus ne répandrait pas quelques lumières sur cet objet de nos recherches, il m'a suffi de manifester ce désir devant notre collègue M. *Frémy*, pour qu'il s'empressât de se charger de ce travail. En voici le résumé rédigé par lui-même.

« Il résulte de quelques essais sur les virus cla-
» veleux, vaccin et variolique, que ces matières
» contiennent un phosphate et un muriate, dont

» il a été impossible de déterminer la base, en » raison de la petite quantité de virus sur laquelle » on a opéré.

» Leur coagulation par l'alkool semble aussi an» noncer la présence de l'albumine ou de la gelatine.

» Les virus variolique et claveleux desséchés ont » donné des traces sensibles d'alkali, ce qui explique » l'action plus prompte et l'espèce d'irritation qui » se manifeste lorsqu'on clavelise avec la matière » claveleuse desséchée. »

On voit, d'après ce travail, que la matière des trois virus, soumis à l'action des réactifs, et dont les effets sont si différens, présentent à-peu-près les mêmes principes. Mais par malheur celui dans lequel réside vraisemblablement le caractère essentiel de chaque espèce de virus, est trop fugace pour être rendu sensible à nos sens.

Puisque la nature essentielle de chacun de ces virus a échappé jusqu'à présent à nos recherches, tâchons, par des expériences multipliées et variées, d'en connaître et d'en constater exactement les effets et l'influence sur les propriétés vitales des animaux; peut-être qu'un travail obstiné nous conduira à saisir quelques points d'éclaircissement qui nous manquent.

Ce n'est que par une conduite semblable que les anciens inoculateurs étaient parvenus à constater que l'inoculation variolique mettait les hommes à l'abri de la petite Vérole. Mais c'était la petite

Vérole qu'il fallait leur donner, et non un simple travail aux piqûres. Toutes les personnes inoculées qui n'éprouvaient pas à la suite de cette opération la fièvre varioleuse ou d'invasion, signe certain et suffisant de l'infection générale, n'étaient point considérées comme garanties de la petite Vérole, et on recommençait l'inoculation jusqu'à ce qu'elle fût obtenue.

Ce n'est qu'à force d'inoculer, d'en observer et d'en décrire exactement les effets, qu'on est parvenu à se créer, sur cette pratique salutaire, une doctrine et des règles certaines d'après lesquelles on se dirigeait. Il doit en être de même de la Clavelisation. En suivant la même marche, on saisira le véritable caractère qu'elle doit avoir, ses différentes anomalies, et on s'assurera si l'organisation ovine ne la modifie pas de manière à amener des résultats différens de ceux qui sont propres à l'inoculation variolique.

Déjà on peut croire que la clavelisation, considérée en grand, est utile si on la pratique avec soin.

Qu'elle a cela de particulier, c'est de donner lieu à des effets locaux étonnans dont on parviendra sans doute à se garantir par la suite.

Qu'elle n'est que l'art de donner le Claveau à propos et d'une manière généralement bénigne;

Que le mode d'opérer influe beaucoup sur son succès, puisque des piqûres profondes entraînent des accidens désastreux qui paralysent l'action du virus en s'opposant à son absorption par les lymphatiques;

Que le choix des parties sur lesquelles on opère mérite beaucoup d'attention, puisque la lésion des organes sensitifs et moteurs peut causer la perte de l'animal que l'on cherche à soustraire à un autre danger;

Que la multiplicité des piqûres est aussi dangereuse, que le trop petit nombre est insuffisant;

S'il paraît certain qu'en procédant méthodiquement à la Clavelisation avec la matière la plus favorable au succès, il est possible que cette opération ne soit suivie que d'un travail imparfait ou d'aucune espèce d'effet sur une partie des Bêtes que l'on y soumet; on doit être encore moins sûr de son fait si l'on emploie un mauvais procédé, et si la matière infectante n'est pas prise à propos.

Les côtés non lainées de la poitrine, en arrière du coude, et au-dessus des grassets, paraissent les endroits les plus favorables à la pratique de la Clavelisation;

Il paraît très-vraisemblable que toutes les bêtes soumises à la pratique de la Clavelisation, et qui n'éprouvent à la suite qu'un travail local plus ou moins prononcé, sans être accompagné de symptômes généraux d'infection, ne doivent pas être considérées comme à l'abri de la contagion claveleuse, et doivent être inoculées de nouveau;

La matière claveleuse, puriforme, desséchée, conservée sur des verres ou dans des tubes capillaires, paraît encore plus propre à la transmission que celle prise sur des animaux infectés à l'instant de l'opération.

On sait bien que la matière variolique prise dans le premier développement local de la piqûre, avant la fièvre d'invasion, est contagieuse, et peut donner la petite vérole par la voie de l'inoculation. Est-il certain qu'on peut en faire autant avec la matière d'une piqûre, au troisième ou quatrième jour de la Clavelisation ? C'est une chose à vérifier; le grand nombre de bêtes clavelisées ainsi à Trappes, et qui ont été reprises du Claveau naturel, en prouve la nécessité.

La méthode sutonienne admise généralement pour l'inoculation variolique, paraît aussi celle qui mérite la préférence dans la pratique de la Clavelisation.

Les médecins italiens dont j'ai parlé prétendent, par elle, donner aux hommes une vaccine à-peu-près semblable à celle que l'on a puisé sur la vache; et que cette vaccine, d'origine claveleuse, portée sur les moutons, les garantit du Claveau naturel et inoculé.

Nos expériences faites à Versailles sont loin de présenter le même résultat.

Presque de toutes parts on se loue d'avoir opposé la Clavelisation aux épizooties claveleuses qu'elle a rendu moins longues et moins meurtrières.

A Toulouse, on l'accuse d'insuffisance, d'infidélité, et de produire des effets désastreux.

A Trappes, cette opération a été défectueuse par suites de causes qui ont besoin d'être examinées et approfondies.

Des expériences nouvelles deviennent donc encore indispensables pour s'assurer d'une manière positive quel caractère doit présenter le Claveau inoculé pour garantir sûrement du Claveau naturel et spontané : si, comme il est présumable de le penser, des symptômes généraux d'infection, tels que ceux qui se sont développés sur les bêtes clavelisées sous les yeux de la Société en 1805, et sur celles que je viens de soumettre aux mêmes épreuves, sont absolument nécessaires au succès de cette opération ?

On pense que ces expériences ne doivent pas être tentées sur de nombreux troupeaux. Une division de cent cinquante bêtes suffirait et serait préférable ; il sera bien important d'en claveliser la moitié avec la matière prise du troisième au quatrième jour de la Clavelisation, et d'inoculer l'autre moitié, partie avec la matière extraite sur des bêtes infectées naturellement, à l'instant même de l'opération, et partie avec de la matière claveleuse, puriforme, sèche et conservée sur des verres ou dans des tubes capillaires.

Il sera bien essentiel de visiter les animaux clavelisés jour par jour, de décrire exactement les procédés suivis, les différences dans les développemens et les résultats obtenus, ce qui malheureusement n'est fait que par très-peu d'observateurs. Alors ces bêtes classées et désignées seront exposées ensuite à la contagion Claveleuse naturelle.

Il suffira d'annoncer l'utilité de ces nouvelles tentatives, pour que des hommes zélés pour les progrès de la science et la prospérité de leur pays, s'en occupent, et saisissent les occasions favorables de le faire avec succès. Il est même à desirer que ces recherches soient faites sur différens points de l'étendue de l'Empire, afin d'être mieux à portée de juger l'influence du climat et de la température, tant sur le développement naturel de la clavelée, que sur celui provoqué par la Clavelisation.

Combien ne gagnerait-on pas à voir MM. les Professeurs des Écoles Vétérinaires se charger de ce soin! Depuis long-temps ceux de la célèbre Ecole d'Alfort en ont donné l'exemple. Il suffirait que la Société manifestât ce vœu à S. Exc. le Ministre de l'Intérieur, pour qu'il fût exaucé. Elle doit se rappeler que cet homme d'état, qui réalise dans son ministère toutes les espérances qu'il donnait quand il était notre Préfet, daignait, ainsi que l'ont fait et le font encore ses dignes successeurs, venir se confondre avec nous, et répandre des lumières et de l'intérêt sur nos discussions.

La mesure que je propose est un moyen certain de

parvenir promptement à éclaircir quelques points de doctrine qui présentent encore de l'obscurité aux yeux des hommes sévères et exacts, et d'amener la solution d'une question qui intéresse si vivement les personnes qui s'occupent de cette branche importante de prospérité nationale, *la conservation et la propagation des belles espèces de Bêtes à laine.*

A Versailles, de l'Imprimerie de la Préfecture, de la Société d'Agriculture, etc., chez J.-P. Jacob, avenue de St-Cloud

www.ingramcontent.com/pod-product-compliance
Ingram Content Group UK Ltd.
Pitfield, Milton Keynes, MK11 3LW, UK
UKHW021634260726
13994UKWH00003B/1180